陳大達（筆名：小瑞老師）●著

活塞式飛機的動力裝置

簡易活塞式發動機
與航空螺旋槳技術入門

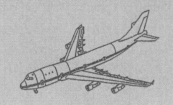

作者序

一、隨著目前二岸的交流頻繁，觀光旅遊業的盛行，無論是民間與政府對航空人才的需求愈來愈多，活塞式飛機動力裝置（活塞式發動機與螺旋槳）的基礎是民航飛行員所應掌握的基本知識以及獲取飛機駕駛執照所必備的條件。

二、航空證照的考試分成飛丙、飛乙、CAA以及FAA等，飛丙證照由於獲得證照的人數太多，對求職幾乎是沒有任何幫助。而CAA與FAA單是受訓就要二、三十萬，在繳上大筆學費與耗費大量時間，卻一無所獲，你或妳甘心嗎？

三、從民航局所公布「地面機械員學科、術科及檢定加簽檢定項目」中，活塞式飛機的動力裝置（活塞式發動機與螺旋槳）是考照重點，在2013年的民航特考「飛航管制」的飛行原理考試科目中，活塞式飛機的動力裝置更佔了相當的比重。除此之外，航空發動機更被民航局列為今後民航特考「飛航管制」的飛行原理考試科目的重點，而在民航特考「航務管理」的空氣動力學考試科目中，早已被納入計算題中，你或妳知道嗎？但是目前市面上卻無一本有關活塞式飛機動力裝置的書籍出現。

四、活塞式飛機的發明對其後百年中的航空業具備重大的影響與意義，雖然因為其動力小，曾經一度被渦輪發動機所取代，但是隨著目前二岸的交流頻繁，觀光旅遊業的盛行，許多業者紛紛配合觀光景點著手策劃載客量小以及短程飛行的觀光行程，基於活塞式航空發動機造價低廉以及在低空低速的效率好的特點，未來可能會成為觀光業者的新寵兒。

五、在探討活塞式飛機的動力裝置時，發動機與螺旋槳是不能分割的，活塞式發動機的原理可以應用在汽車引擎上，而螺旋槳技術不僅只是使用在螺旋槳飛機上，還可應用在飛艇、直升機以及遊艇的動力裝置，在工業上的其他領域，例如：水平軸式風力發電機以及家用電風扇也是根據螺旋槳的制動原理發展起來的。由此可知，其具有廣泛的應用領域與發展空間。

六、本書利用簡明以及條列式的文字描述活塞式飛機的動力裝置（活塞式發動機與螺旋槳），而盡量不引用枯燥的數學演練，希望本書能成為一本介紹活塞式飛機的入門書籍，不僅可以提供航空相關科系CAA考照以及民航局高考與民航特考的參考，更可做為對航空工程有興趣學生的課外讀物以及二專、二技、大學航空相關課程使用。

七、本書能夠出版首先感謝本人已故父母陳光明先生與陳美鸞女士的大力栽培，內人高瓊瑞女士在撰稿期間諸多的協助與鼓勵。除此之外，承蒙秀威資訊科技股份有限公司惠予出版以及段松秀與賴英珍二位小姐的細心編排，在此一併致謝。個人或許能力有限，如果讀者希望仍有添增、指正與討論之處，歡迎至讀者信箱src66666@gmail.com留言。

CONTENTS
目次

第三篇　空氣螺旋槳理論

第一篇

發動機的基礎知識

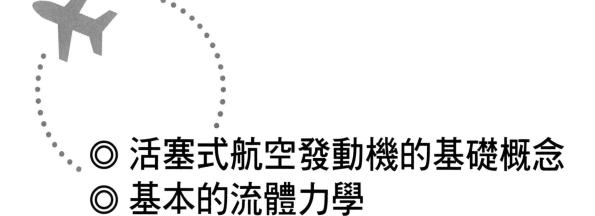

◎ 活塞式航空發動機的基礎概念
◎ 基本的流體力學
◎ 熱力學基礎知識

活塞式航空發動機的基礎概念

在1903年12月17日，美國萊特兄弟實現了人類歷史上首次有動力、載人、持續、穩定和可操作且重於空氣飛行器的飛行，也就是活塞式飛機的發明（如圖一所示），從而為飛機的實用化奠定了基礎。

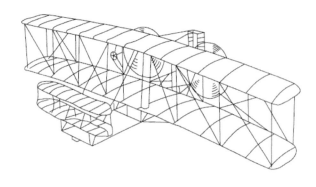

圖一　第一架飛機（活塞式飛機）的問世

活塞式飛機的發明對其後百年中航空業具備重大的影響與意義，從1903年第一架飛機升空到第二次世界大戰末期，所有飛機都用活塞式航空發動機作為動力裝置，然而由於活塞式發動機的動力小，所以20世紀40年代中期，在軍用飛機和大型民用機上，高速且功率大的燃氣渦輪發動機逐漸地取代了活塞式航空發動機，但是因為螺旋槳在低空低速飛行時的效率高與經濟效益好，而且因為造價低以及易於維修等優點，所以目前仍用於輕型飛機的低速飛機（例如私人飛機、初級教練機及小型運輸機）的使用上，且多為氣冷式的小功率活塞式發動機。

　　隨著目前二岸的交流頻繁，觀光旅遊業的盛行，許多業者紛紛配合觀光景點著手策劃載客量小以及短程飛行的觀光行程，基於活塞式航空發動機在低空低速飛行時的效率高而且造價低廉的特點，未來可能會成為觀光業者的新寵兒。本章在此，針對其基礎概念做一簡單介紹。

一、飛機發動機的定義

（一）**飛機的定義**：由動力裝置產生前進的拉力或推力，由固定機翼產生升力，在大氣層中飛行的重於空氣的航空器稱為飛機。無動力裝置的滑翔機、以旋翼作為主要升力來源的直升機以及在大氣層外飛行的航太飛機都不屬於飛機的範圍。飛機活動的範圍主要是在離地25公里以下的大氣層內（民航機活動的範圍大約是在離地10公里），在大氣層內飛行是飛機的基本特點。

（二）**飛機發動機的功能**：航空發動機是飛機產生動力的核心裝置，其主要的功能是用來是指主要用來產生拉力或推力，藉以克服飛機的重力與空氣相對運動時產生的阻力使飛機起飛與前進。

二、活塞式飛機的制動原理與應用限制

如圖二所示，活塞式飛機的制動原理飛機是藉由內燃機的原理，使在氣缸內產生的動力，經由傳動軸將馬力傳輸至螺旋槳，帶動飛機的螺旋槳拍擊大氣空氣，並使空氣加速向後流動時，造成空氣對螺旋槳產生反作用力（拉力）來拉動飛機，使飛機向前推進。

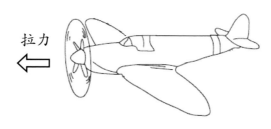

拉力

圖二　活塞式發動機飛機的制動原理

由於活塞式發動機是藉由螺旋槳拍擊大氣空氣並使空氣加速向後流動時產生使飛機向前的驅動力，在高空的時候，空氣稀薄，螺旋槳拍擊空氣的作用不易發揮，因此限制了活塞式發動機飛機飛行高度；在低空的時候，如果要加快飛行速度，那麼高速旋轉的螺旋槳，在其槳葉尖端也會引發音障效應，而使得螺旋槳效率大大降低，而要增加發動機的推力，就要增加發動機氣缸的容積和數量，但這卻會導致發動機本身的重力和體積成倍增長，並使飛機阻力猛增，而且會因為發動機重力過重而使飛機內部結構無法安排。這些問題導致了活塞式發動機只能應用於載重量小，而且只能在低空低速的輕型飛機和超輕型的飛機。

三、活塞式航空發動機的設計要求

　　活塞式航空發動機是利用內燃機原理以四個行程之動作產生動力，其運轉原理與汽車引擎並無不同，二者都是將燃油和空氣混合，藉由在氣缸燃燒後所產生的熱能轉換成機械能，從而獲得推進力的裝置。但是活塞式航空發動機的性能要求遠比汽車引擎嚴格精密，因此在設計時必須符合下列五點要求：

（一）經濟省油，藉以符合成本效益。

（二）發動機必須以最小單位重量產生最大之馬力。

（三）在不影響輸出馬力原則下，發動機應具最小之前視面積，藉以降低形狀阻力。。

（四）安全性高、使用壽限長、維修容易、維修品質與可靠性必須要佳。

（五）成本低廉、制作容易以及方便檢查與維護。

四、活塞式航空發動機的主要組件

　　活塞式航空發動機是利用汽油與空氣混合，在密閉的容器（汽缸）內燃燒後，藉由氣缸內產生的動力，帶動飛機的螺旋槳拍擊大氣空氣，產生飛機的推進力（拉力）。所以，做為活塞式飛機的動力裝置，發動機與螺旋槳是不能分割的，如圖三所示。

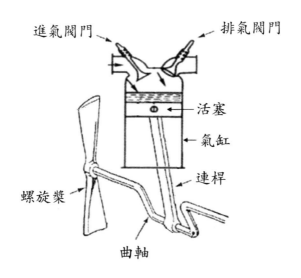

圖三　活塞式發動機的外觀示意圖

如圖四所示，活塞式航空發動機主要是由氣缸、活塞、連桿、曲軸、氣門機構、螺旋槳減速器以及機匣等部分所組成，各組成的功能說明如後：

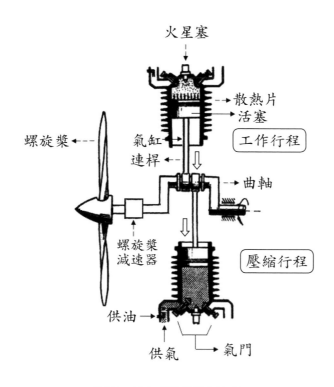

圖四　活塞式發動機的組成

（一）氣缸：氣缸是混合氣（汽油和空氣）進行燃燒的地方。氣缸內容納活塞作來回移動（往復運動）。氣缸頭上裝有點燃混合氣的火星塞以及進氣門與排氣門。發動機工作時氣缸溫度很高，所以氣缸外壁上有許多散熱片，用以擴大散熱面積。

（二）活塞：活塞承受混合氣燃燒後產生的燃氣壓力，在汽缸內作來回移動（往復運動）做功，並通過連桿將這種運動轉變成曲軸的旋轉運動。

（三）連桿：連桿用來連接活塞和曲軸，來回傳遞活塞與曲軸的運動。

（四）曲軸：曲軸是發動機輸出功率的部件。曲軸轉動時，通過減速器帶動螺旋槳轉動而產生拉力，除此之外，曲軸還要帶動一些附件，如各種油泵和發電機等。

（五）**氣門機構**：氣門機構用來控制進氣門和排氣門定時打開或關閉。氣門機構的功用主要是保證新鮮混合燃氣在適當的時機進入氣缸，以及保證燃燒做功後的廢氣適時地從氣缸中排出。

（六）**螺旋槳減速器**：近代大功率的活塞式航空發動機多具備高轉速的特性，但是限於螺旋槳之構造及材質不能承受過度的離心力，而且過高的轉速，可能會使螺旋槳葉尖附近的相對速度接近音速，造成槳葉嚴重的震動，因而降低螺旋槳效率。所以對於大功率的活塞式航空發動機，在曲軸和螺旋槳軸之間必須裝有減速齒輪組（減速器），使得螺旋槳軸的轉速低於曲軸的轉速。

（七）**機匣**：機匣是用來安裝氣缸、支撐曲軸，並將所有機件連結起來，構成一部完整的發動機。

五、活塞式發動機的輔助工作系統

發動機除主要部件外，還須有若干輔助系統與之配合才能工作。主要有燃油系統、進氣系統（為了改善高空性能，在進氣系統內常裝有增壓器，其功用是增大進氣壓力）、點火系統（主要包括高電壓磁電機、輸電線、火星塞）、潤滑系統、冷卻系統和起動系統等，說明如後。

（一）**燃料系統**：燃料系統是由燃料泵以及汽化器或燃料噴射裝置所組成，它的功用是儲存燃油和向發動機連續供油，且在供油過程中，將燃油霧化，並與空氣均勻摻混成為混合氣之後，供入汽缸。

（二）**進氣系統**：進入發動機之空氣，經由汽化器與汽油混合，而成霧狀之混合氣，再由發動機內之增壓器平均分配，經進氣歧管而至各汽缸。進氣系統的增壓作用，除了使混合氣混合均勻，分配至各汽缸外，其主要目的在於高空飛行空氣稀薄時，不致減少進氣量，降低進氣壓力而影響輸出馬力。

（三）**點火系統**：點火系統的功用是產生高壓電，並將高壓電依次接通各個汽缸的火星塞，使火星塞產生電火花，將汽缸中的新鮮混合氣點燃。

（四）**潤滑系統**：滑油系統的功用是減輕發動機上各個相對運動機件之間的摩擦，並加強發動機內部冷卻。

（五）冷卻系統：燃料在發動機內燃燒時所產生的熱量，除了轉化為動能和排出的廢氣所帶走的部分之外，還有很大一部分傳給了汽缸壁和其他有關機件，必須將這些熱量散發出去，才能保證發動機的正常工作。冷卻系統的功用是加強發動機的外部冷卻以及強化滑油系統的內部冷卻的功能，使得發動機能夠在允許的溫度條件下正常運轉。

（六）啟動系統：將發動機發動起來，須借助外面動力，常用的有兩種方式：1.將壓縮空氣送入汽缸推動活塞使曲軸轉動。2.用電動機帶動曲軸轉動使發動機啟動。啟動系統的功用是為了帶動發動機開始轉動，並使發動機進入慢車轉速，也就是發動機穩定工作的最小轉速。

六、影響活塞式航空發動機運轉之重要因素

（一）發動機是否在使用轉速範圍內：在使用轉速範圍內，熱效率與有效功率會隨發動機轉速增加而增加，但超過此一範圍，轉速增加反而會使發動機熱效率與有效功率降低，而且發動機軸超轉有可能會造成發動機內部機件受力急速增加，導致發動機的損毀。

（二）發動機是否在使用壓縮比範圍內：在使用壓縮比範圍內，熱效率與有效功率會隨發動機轉速增加而增加，但是因為活塞式航空發動機的壓縮比受到燃油燃點的限制，如果發動機的壓縮比過高（通常不可大於10，一般約為7左右），則可能造成提早點火或是產生爆震現象，使得發動機受到嚴重之損害。

（三）點火時間是否適當：活塞式航空發動機是利用汽油與空氣混合，在密閉的容器（汽缸）內燃燒後，藉由氣缸內的活塞上下移動，產生使飛機向前的驅動力。理想之點火時間，應該要配合發動機之轉速與混合氣燃燒之速度，才能使得活塞式發動機產生最大的動（馬）力。如果點火的時間過早，則氣缸內的燃氣會因為燃燒所產生的高壓，阻止活塞上行。如果點火過慢，則因為活塞已經開始下行，造成輸出馬力的降低。

（四）餘氣係數（油氣混合比）是否在適當範圍內：通常餘氣係數在
0.8～0.9之間時有效功率最大，如果偏離此範圍，有效功率將減
少。如果餘氣係數大於1.3或小於0.4，則混合氣將不能點火燃燒，
導致發動機熄火。

（五）進氣與排氣是否良好：由於進氣壓力的增加會使發動機有效功率增
加，進氣道或進氣管阻塞或漏氣，會使得進氣壓力壓力降低，造成
發動機的輸出動（馬）力減小。而排氣管阻塞會造成排氣不順，廢
氣壓力增加，會阻撓活塞的運行，造成發動機動（馬）力的損耗。
發動機的進氣與排氣不良，在嚴重時，甚至會造成發動機無法起動
或突然失效。

（六）滑油系統是否正常：由於滑油系統失效，會造成發動機的潤滑與散
熱不良，潤滑不良將會使得發動機內各摩擦機件的金屬過度磨損，
而散熱不良則會使得發動機產生超溫現象，這些都有可能造發動機
受到嚴重損害，導致飛安事件的發生。

（七）其他：除了以上各種因素可能會影響活塞式航空發動機的正常運轉
外，活塞式飛機的飛行速度以及螺旋槳的轉速亦有可能會對活塞式
航空發動機的運轉產生間接或直接的影響。

七、活塞式航空發動機的主要工作狀態

活塞式航空發動機的主要工作狀態有額定工作狀態、起飛工作狀態、最大連續工作狀態、巡航工作狀態以及慢車工作狀態等狀態。

（一）額定工作狀態：活塞式航空發動機的額定工作狀態是指發動機設計時所規定的基準工作狀態，額定工作狀態下的物理參數，我們稱為額定參數，例如在此工作狀態下的功率和轉速，我們稱為額定功率和額定轉速等。在發動機性能分析和表述中，以額定功率為100％，其他各種工作狀態下的功率以額定功率的百分數來表示。發動機上所裝的螺旋槳是根據額定工作狀態選定的，發動機在額定狀態常用於飛機正常起飛、高速平飛以及大功率爬升，其連續工作時間一般不能超過1個小時。

增壓式發動機的額定工作狀態分為地面額定狀態和空中額定狀態。地面額定狀態是指發動機在地面使用額定轉速和額定進氣壓力時的工作狀態，而空中額定狀態是指發動機在額定高度使用額定轉速和額定進氣壓力時的工作狀態。空中額定工作狀態是設計發動機時規定的基準工作狀態，也是活塞式航空發動機選用螺旋槳的依據。

（二）起飛工作狀態：活塞式航空發動機使用全油門和最大轉速的工作狀態，我們稱為起飛工作狀態。起飛工作狀態是活塞式航空發動機產生最大功率的狀態，通常用於活塞式飛機在緊急起飛或短跑道起飛時。當飛機為要縮短滑跑距離，可以使用起飛工作狀態。除此之外，當要飛機復飛或快速爬升時，為了要提高上升率，也可使用起飛工作狀態。在起飛工作狀態下，發動機承受的熱負荷和機械負荷最大，其持續工作時間不得超過5分鐘，尤其對於增壓式發動機，更必須嚴格地遵守最大進氣壓力和最大轉速的限制。

（三）最大連續工作狀態：活塞式航空發動機的最大連續工作狀態是指發動機能夠在長時間連續工作情況下，所能輸出最大功率時的工作狀態，稱為最大連續工作狀態。該工作狀態下的功率稱為最大連續功率（MCP），大約為額定功率的90%；該工作狀態下的轉速叫最大連續轉速，約為額定轉速的96.6%，活塞式飛機的最大連續工作狀態多用於飛機爬升和高速度平飛。

（四）巡航工作狀態：活塞式航空發動機在巡航工作狀態下的功率和轉速分別稱做巡航功率和巡航轉速，發動機在此工作狀態下的工作時間最長，燃油消耗率最少。一般而言，巡航功率約為額定功率的50%～65％，增壓式活塞發動機的巡航功率則大約為額定功率的30%～65％。總而言之，活塞式航空發動機的巡航工作狀態為活塞式飛機在實際飛行時的最佳功率的工作狀態或是最經濟的工作狀態。

（五）慢車工作狀態：活塞式航空發動機的慢車工作狀態指的是發動機穩定連續工作的最小轉速工作狀態，這時發動機的功率約為額定功率的7%，活塞式飛機的慢車工作狀態適用於飛機著陸、快速下降以及地面清行等情況。活塞式航空發動機在慢車工作狀態下，火星塞容易積碳，發動機的工作穩定性差，所以發動機在慢車工作狀態下的時間不宜過長。

八、活塞式航空發動機的特性

活塞式航空發動機的性能通常用轉速特性、螺旋槳特性和高度特性來表示。油門全開或進氣壓力維持不變時，發動機的功率和耗油率隨轉速的變化關係稱為轉速特性，在發動機上安裝定距螺旋槳時，發動機功率和耗油率隨轉速的變化關係稱螺旋槳特性。發動機轉速不變時，功率和燃油消耗率隨飛行高度的變化關係稱為高度特性。

九、活塞式航空發動機的額定高度

活塞式航空發動機的高度特性曲線圖如圖五所示。

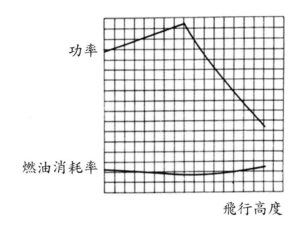

圖五　活塞式航空發動機的高度特性曲線圖

　　從曲線圖，我們可以看出：由於有增壓器對吸入的空氣增壓，在某一高度以下可保持進氣壓力恆定，而大氣溫度又隨高度增加而下降。所以在此高度以下發動機的功率會隨著高度增加而略有增加，但是在此高度以上的發動機的功率會隨高度的增加而下降。我們稱此高度為額定高度。

第二章

基本的流體力學

　　本書提及的活塞式發動機是指搭載在活塞式飛機上的動力裝置，所以又稱之為活塞式航空發動機。由於活塞式航空發動機是屬於吸氣式發動機，如果要瞭解其工作原理及性能特性，就必須對大氣性質、飛行環境以及氣流特性有初步的認知，所以在本章將對一些基本流體力學的理論加以介紹。

（4）排氣行程：如圖三十五所示，燃氣在做功行程結束以後，就變為廢氣。為了再次把新鮮的混合氣送入氣缸，以便連續工作，就必須把廢氣排出氣缸。排出廢氣的工作，便是靠排氣行程來完成的。在排氣行程中，進氣閥門仍然關閉，但是排氣閥門打開，因為氣缸內外的壓力差的緣故，廢氣從下止（死）點向上止（死）點移動，當活塞到達上止（死）點時，排氣行程結束。

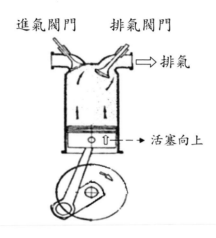

圖三十五　活塞式發動機排氣行程示意圖

二、活塞式發動機的理論循環

（一）簡化條件：發動機的實際工作循環是由進氣、壓縮、點火燃燒、膨脹及排氣等五個步驟所組成的，在氣缸內進行非常複雜的物理以及化學變化，所以在整個工作循環中的過程都是不可逆的。如果要確切地描述在發動機中實際進行的熱力過程，在目前條件下還是非常困難的。但是，為了要瞭解發動機熱能利用的完善程度、尋求提高熱能利用率的途徑，在工程熱力學中，總是在不失其基本物理與化學過程特徵的情況下，將發動機的實際工作循環進行若干簡化，以此作為改進實際過程的一個標準和指出努力的方向，並藉由識別造成能量損失以及機械損失的各種實際因素，判別其不利影響，提出最合理的工程方案。事實證明這種簡化處理是可行的，這種經由簡化處理的循環，我們稱之為發動機理論循環。在發動機理論循環中，我們所做的假設說明如下：

1.假設氣缸為密閉式系統，也就是不考慮進、排氣過程中實際存在的氣體交換以及漏氣損失。

2.假設壓縮與膨脹過程是絕熱過程，並忽略氣缸壁傳熱、摩擦以及漏氣等能量損失，也就是假設壓縮與膨脹過程是可逆絕熱過程。

3.假設以等容過程對燃氣的加熱來代替燃燒過程，以等容過程對工作氣體的散熱來代替排氣過程。

4.假設工作氣體為理想氣體，其比熱值視為定值。

5.忽略實際過程中所存在的各種能量損失，也就是把整個工作循環中每一過程都假定為可逆過程。

（二）**奧圖循環：**根據以上假設所做的理論循環，我們稱之為奧圖循環。
說明如後。

1.**工作循環：**由於活塞式航空飛機的發動機是四行程內燃引擎，所
以其理論循環為奧圖循環。它是由四個可逆過程所組成的。過程
1-2為可逆絕熱壓縮過程，過程2-3為可逆等容加熱過程、過程3-4
為可逆絕熱膨脹過程以及過程4-1為可逆等容散熱過程，其P-V
（壓力─容積）圖如圖三十六所示。其中過程0-1為可逆等壓進氣
過程，基於前面假設，我們可以忽略不計。

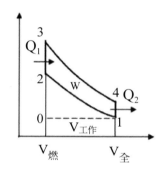

0-1 可逆等壓進氣過程
1-2 可逆絕熱壓縮過程
2-3 可逆等容加熱過程
3-4 可逆絕熱膨脹過程
4-1 可逆等容散熱過程

圖三十六　奧圖循環工作循環的P-V（壓力─容積）圖

2.熱效率（$\eta_{熱}$）：

(1) 定義：奧圖循環的熱效率定義為氣缸活塞所產生的功（率）對燃料燃燒所產生的熱能（率）的比值，也就是奧圖循環的熱效率可以用公式 $\eta_{熱} \equiv \dfrac{氣缸活塞所產生的功(率)}{燃料完全燃燒所產生的熱量(率)} = \dfrac{W}{Q_1} = 1 - \dfrac{Q_2}{Q_1}$ 來加以定義。在理想條件狀態下的理論循環，其熱效率等於指示效率。

(2) 公式：經計算所得，活塞式航空飛機的發動機為四行程內燃引擎就理論循環（奧圖循環）的熱效率為：
$\eta_{熱} = 1 - \dfrac{Q_2}{Q_1} = 1 - (\dfrac{V_{燃}}{V_{全}})^{1-K} = 1 - \gamma^{1-K}$。在此 γ 為壓縮比，K為等熵指數。

(3) 所得結論：由（2）的計算公式中，我們可以得知：對於活塞式航空飛機的發動機就理想條件狀態下的理論循環，在相同容積的氣缸時，發動機的熱效率只與壓縮比有關，壓縮比愈大，則發動機的熱效率愈大。反之，則發動機的熱效率就會降低。

3.有效功率（實用功率）

（1）定義：所謂有效功率是指發動機輸送給螺旋槳的功率，如無特別說明，通常所謂的發動機功率指的就是有效功率。我們又稱之為實用功率。在理想條件狀態下的理論循環（奧圖循環）時，發動機的機械效率（機械效率＝有效功率／指示功率）為1，也就是有效功率等於指示功率。

（2）計算公式：在奧圖循環（在理想條件狀態下的理論循環）中，活塞式航空飛機發動機的有效功率的計算公式為：

$$指示馬力 = \frac{P \times A \times (\frac{L}{12}) \times (\frac{N}{2}) \times S}{33000} = \frac{P \times A \times L \times N \times S}{2 \times 12 \times 33000} = \frac{P \times A \times L \times N \times S}{792000}$$

在此P為指示平均有效壓力（lb/in^2）、A為汽缸面積（in^2）、L為活塞行程（in）、N為發動機曲軸轉速（轉／每分鐘，簡寫R.P.M.）（因為活塞式航空飛機發動機為四行程內燃引擎，所以轉速必須除以2）以及S為汽缸總數。

（3）所得結論：由（2）的計算公式中，我們可以得知：對於活塞式航空飛機的發動機就在理想條件狀態下的理論循環（奧圖循環）時，有效功率（實用功率）等於指示功率。所以，在相同容積的氣缸與氣缸數時，有效功率只與轉速有關，轉速愈大，則發動機的有效功率愈大。反之，則發動機的有效功率就會降低。

三、實際工作循環

　　奧圖循環是活塞式航空飛機的發動機在理想條件狀態下的理論循環，但是在真實狀態下，發動機運轉會受到機械損失、熱損失以及其他因素的影響，所以發動機在實際工作循環運作與理想狀態下運作下比較，彼此的差異有：

（一）實際工作循環運作下的熱效率較小：發動機在實際工作循環運作時，因為熱量損失以及其他因素的影響，所以實際上燃燒室產生的功率較小，又因為機械損失造成能量損失，因此，實際工作循環運作下的熱效率遠小於奧圖循環所計算的熱效率。

（二）實際工作循環運作下的機械效率小於1：發動機在實際工作循環運作時，因為有機械損失，所以有效功率小於指示功率。由於機械效率＝有效功率／指示功率，所以發動機在實際工作循環運作時，機械效率小於1。

（三）實際工作循環運作下的單位燃料消耗率較大：因為發動機在實際工作循環運作下的機械效率與有效效率均小於奧圖循環所計算出的值，所以在實際工作循環運作下的單位燃料消耗率會比奧圖循環所計算的值大。

四、影響發動機有效功率與有效效率的因素

　　奧圖循環是活塞式航空飛機的發動機在理想條件狀態下的理論循環，在奧圖循環中，我們得到：（一）在相同容積的氣缸時，發動機的熱效率只與壓縮比有關以及（二）在相同容積的氣缸與氣缸數時，有效功率只與轉速有關等二個結論。但是真實狀態下，影響發動機熱效率與有效功率的因素還有：

（一）**發動機是否在使用轉速範圍內**：在使用轉速範圍內，熱效率與有效功率會隨發動機轉速增加而增加，但超過此一範圍，轉速增加反而會使發動機熱效率與有效功率降低。

（二）**發動機是否在使用壓縮比範圍內**：在使用壓縮比範圍內，熱效率與有效功率會隨發動機轉速增加而增加，但超過此一範圍，壓縮比反而則可能造成提早點火，甚至會產生爆震現象。

（三）**進氣壓力和溫度**：進氣壓力增加或進氣溫度降低會使有效功率增加，進氣壓力降低或進氣溫度升高會使有效功率減少。

（四）**大氣壓力和溫度**：大氣壓力和溫度的影響表現在飛行高度上，隨飛行高度的增加，發動機的有效功率逐漸減小，增壓式發動機的有效功率隨高度增加而減小的速度要比吸氣式發動機的大。

（五）**餘氣係數**：通常餘氣係數在0.8～0.9之間時有效功率最大，如果偏離此範圍，有效功率將減少。如果餘氣係數大於1.3或小於0.4，則混合氣就不能點火燃燒。

（六）**滑油溫度**：滑油溫度保持在要求的溫度範圍內，有效功率高，否則有效功率降低。

（七）**飛行速度**：活塞式飛機的飛行速度高，氣缸充填量（進氣量）大，有效功率大，否則有效功率小。

（八）**其他**：除上述各因素影響有效功率外，氣門機構作用的時間不當、進氣不良、散熱情況不好以及火星塞工作的好壞等因素也對有效功率有所影響。

第六章

油氣調節與燃料管理

一、油氣調節

　　發動機工作時需要燃油（航空汽油）和空氣按一定的比例混合才能使發動機正常工作，為滿足飛機飛行姿態和飛行高度的改變，進入發動機的油氣混合比必須要隨時改變，不同飛行狀態對油氣混合比的要求不同，隨飛行狀態的變化，駕駛員必須按照要求調節油氣混合比，因此引進了餘氣係數，用來判定發動機油氣混合比的貧富油程度，說明如後。

（一）餘氣係數：所謂餘氣係數是指在氣缸中的燃油與空氣所形成混合氣中的空氣質量和燃油完全燃燒所需要的空氣質量之比值，我們稱為餘氣係數。餘氣係數可用 $\alpha = \dfrac{m_{air,混合氣}}{m_{air,完全燃燒}}$ 公式來表示。其中 $\alpha > 1$，我們定義為貧油，$\alpha < 1$，我們定義為富油，要保證正常的燃燒，混合氣的餘氣係數應該在0.6～1.1之間。通常餘氣係數在0.8～0.9之間時有效功率最大，而餘氣係數在在1.05～1.1之間時，單位燃料消耗率最低，也就是最省油，如果偏離此範圍，單位燃料消耗將增大。如果餘氣係數大於1.3或小於0.4，則混合氣就不能點火燃燒。

（二）**過度貧油和過度富油時的燃燒**：進入發動機的混合氣過度貧油和過度富油時，都會造成發動機的工作極端不正常，造成發動機的損壞，說明如後。

1. **過度貧油所產生的現象**：進入發動機的混合氣為過度貧油時，發動機容易出現以下現象：

（1）功率減小：過度貧油時，汽缸內的最大壓力值減小，導致膨脹行程所產生的功率減少，經濟性變壞。

（2）排氣管發出尖銳的聲音：在過度貧油的條件下，混合氣到排氣行程時，還可能會有部分氣體在燃燒，因此會發出短促而尖銳的聲音，並會在排氣管出口處出現火舌。

（3）汽缸溫度降低：在過度貧油的條件下，混合氣體燃燒後發熱量少，導致燃氣溫度和汽缸溫度低，對燃油的汽化和燃燒都不利。

（4）化油器回火：對於化油器式發動機，在過度貧油條件下，由於火焰傳播速度慢，當排氣行程後期，進氣門已打開時，汽缸中還可能有餘火，並點燃由下一個工作迴圈進入汽缸的新鮮油氣混合氣，因為火焰傳播速度大於進氣管內的氣流速度，火焰將竄入進氣道，並順著進氣道延燒到化油器。這種現象叫做化油器回火。化油器回火很容易造成火災。為防止化油器回火，往往在進氣道靠近進氣門的地方安裝一個金屬蜂窩網，使進氣能正常通過，而當回火火焰觸及金屬網時，因為金屬良好的導熱性能將火焰熄滅。

（5）發動機振動：過度貧油時，混合氣混合會很不均勻，導致燃燒後，汽缸中的壓力相差很大，使得發動機工作不平穩，因此產生振動。

2.過度富油所生的現象：進入發動機的混合氣為過度富油時，發動機容易出現如下現象：

（1）功率減小：過度富油時，混合氣燃燒不完全，發熱量少，導致產生功率小、經濟性不好。

（2）汽缸內積碳：在過度富油的條件下，由於混合氣燃燒不完全，使一部分殘餘碳積聚在火星塞、活塞頂面、汽缸壁以及氣門等與燃氣接觸的機件表面上，這種現象叫做積碳。在機件表面上積碳，會使導熱性變差，散熱不良，造成機件局部過熱。火星塞積碳會造成難以點火，氣門積碳，會造成氣門關閉不嚴而產生漏氣，嚴重時會造成燃氣燒壞氣門，這些都會使得發動機發生工作故障。

（3）排氣管冒煙與放炮：在過度富油的條件下，由於混合氣燃燒不完全，於廢氣中含有大量未燃燒或正在燃燒的碳分子，所以在排氣管排出的廢氣中有濃密的黑煙，廢氣中的剩餘可燃物在排氣管出口與外界空氣相遇能夠復燃，並產生類似放炮的聲音，此現象叫排氣管「放炮」。如果駕駛員能做到柔和地操作油門桿，將可使得油氣混合較適當，這樣就比較不容易發生放炮現象。

（4）汽缸溫度降低：過度富油時，混合氣燃燒不完全，發熱量少，而且燃油汽化所需的吸熱量多，導致燃氣溫度和汽缸溫度低。

（5）發動機振動：過度富油時，混合氣混合會很不均勻，導致燃燒後，汽缸中的壓力相差很大，使得發動機工作不平穩，因此產生振動。

（三）爆震

1.定義：汽缸中油氣混合物的正常燃燒遭到破壞，在未燃的混合氣中局部自燃所出現的爆炸性燃燒，這種現象叫做爆震燃燒，簡稱爆震或爆燃。由於爆震現象會突然產生局部的高壓，造成發動機的嚴重損壞，直接威脅飛行安全，所以在使用發動機時必須防止爆震現象的發生。

2.預防措施：如前所述，由於爆震現象會造成發動機構件損壞以及影響飛行安全，所以為有效防止爆震現象的發生，應當注意以下幾點：

（1）嚴格按照規定使用燃料，不要使用辛烷和級數低於規定值的燃料，不可使用過期燃油。

（2）操縱發動機時，不可使進氣壓力、進氣溫度、最大進氣壓力、與使用時間等參數值超過規定。

（3）要防止汽缸內積碳，汽缸壁和活塞頂面積炭會使燃燒室體積減小，壓縮比增大，容易引發爆震現象。

在飛行當中，如果發現有爆震的跡象，可以通過富油冷卻、降低汽缸內的壓力或增大飛行速度的方法來降低汽缸溫度，藉以防止爆震現象的發生。

（四）早燃

1.**定義**：活塞式航空發動機在火花塞點火前，汽缸內混合氣的溫度已達到著火溫度時，混合氣將自動燃燒，這種發生在點火前的自燃現象，我們稱之為早燃。發動機發生早燃現象會造成發動機有效功率（實用功率）降低以及發動機工作不穩定，甚至造成發動機機件損壞或引發回火，影響飛行安全。

2.**預防措施**：早燃現象的發生多是因為汽缸運轉時的壓縮比過高，對於一般活塞式航空發動機，汽缸都已定型，照理而言，壓縮比是不變的。但是實際上由於汽缸積碳，會使燃燒室體積減小，造成壓縮比增高，所以要防止早燃，首先要防止汽缸內產生積碳。除此之外，發動機在剛剛停車時，不能隨意扳動螺旋槳。這是因為剛停車時，活塞式航空發動機的汽缸溫度仍然很高，扳動螺旋槳會造成在汽缸內的混合氣受到壓縮，有可能發生自燃，使得發動機運轉，並帶動螺旋槳轉動，導致在螺旋槳附近的人受到傷害。

（五）各種飛行狀態下的油氣混合比調節：為使發動機正常工作，駕駛員必須依照不同的飛行狀態調節油氣混合比，在此說明如後。

1. 爬升狀態下的油氣混合比調節：活塞式飛機從地面起飛後到爬升階段要使用最富油混合比，這是因為飛機在爬升階段，需要使用大功率，汽缸溫度高，使用最富油混合比可使混合氣中含有大量未汽化的油霧在汽缸中吸熱蒸發，這種冷卻方式叫做蒸發冷卻，可以防止活塞式飛機在爬升階段，因為汽缸的溫度過高，而引發爆震現象的發生。但是隨著飛機爬升高度的增加，大氣的密度逐漸減小，如果供油量保持不變，會造成過度富油的現象發生，所以，駕駛員必須隨爬升高度的增加，逐漸減少供油量。

2. 巡航狀態下的油氣混合比調節：活塞式航空發動機在巡航工作狀態下的工作時間最長，燃油消耗率最少。一般而言，餘氣係數在在1.05～1.1之間時，單位燃料消耗率最低，也就是最省油，如果偏離此範圍，單位燃料消耗將增大，所以活塞式航空發動機在巡航工作狀態下的油氣混合比為貧油。

3. 降落狀態下的油氣混合比調節：活塞式航空發動機在降落時，隨飛行高度的下降，大氣密度逐漸增大，如果仍然保持巡航狀態下的供油量，則會造成過度貧油的現象發生，所以駕駛員在降落時，要使供油量逐漸增多。當然，如果飛機在著陸時，接著要復飛，則要使油氣混合比調節再調成最富油狀態。

二、燃料管理

　　航空汽油是在嚴格品質控制下生產的，而汽車加油站的車用汽油在生產中沒有如此嚴格的品質控制。所以，航空發動機絕對不能使用車用汽油，否則會發生積鉛、爆震、氣塞以及斷油等影響飛安的問題。在此，本書將針對航空汽油的使用管理做簡要的說明。

（一）航空汽油的選用條件：航空汽油的選用必須滿足熱值高、燃點高、抗爆性好以及揮發性適當的要求，理由說明如後。

　　1.熱值高：所謂熱質是指航空汽油完全燃燒所產生的熱量。航空汽油的熱質高，則發動機所能產生的功率就高。

　　2.燃點高：所謂燃點是指航空汽油被點燃的最低溫度，航空汽油的燃點高，可以防止發動機發生早燃現象。

　　3.抗爆性好：所謂抗爆性是指航空汽油防止爆震的能力。一般而言航空汽油多選辛烷數與級數高的燃油。辛烷數高，則表示在貧油條件下抗爆性好。級數高，則表示在富油條件下抗爆性好。辛烷數和級數都高，則表示發動機的抗爆性好。

　　4.揮發性適當：揮發性過低的燃油，不易燃燒，且油氣混合不均勻。揮發性過高的燃油，容易揮發，導致發動機斷油停車。

活塞式飛機的動力裝置

（二）航空汽油的使用和管理：航空汽油的使用必須做好加油須安全、燃油不污染以及飛行前檢查的要求，說明如後。

1.加油須安全：在加油過程中，必須確實作到以下二點要求，說明如後。

（1）確實依照標準作業程序（S.O.P）加油：為保證安全，地勤人員必須確實依照標準作業程式加油，嚴禁吸煙，加油飛機要遠離其他飛機和建築物，無關人員加油遠離現場。

（2）做好靜電防護防護措施：為了避免飛機機身上的靜電引起火花造成油氣爆炸意外發生，飛機落地加油時，一定要接上「搭地線」。這個動作是重要安檢的項目之一。而且不只飛機要接搭地線，加油的油車也要接搭地線，加油的油槍也要接，確認三者都有放電，避免意外。直至加油完畢，確實將油箱蓋栓緊後，才可以拆掉地線。除此之外，在加油的同時，必須做好消防準備措施，防止火災發生。

2. 燃油不污染：燃油容易受污染，尤其是水污染最應關注。如果將地面油罐受污染後的燃油加到飛機的油箱，會使發動機性能下降，所以要必須確實作到以下二點措施，確保燃油不被污染，說明如後。

（1）加油前檢查：飛機在加油前可使用燃油試劑或燃油試紙檢查水污染的情況，如果燃油中含有鐵銹、灰砂和微生物等污染物，在加油前可以通過過濾的方法檢查和清除，發動機不可使用過期燃油，通常也使用試紙檢查燃油過期情況。

（2）油箱燃油檢查：發動機油箱內的燃油也必須要依據情檢查燃油污染，由於水的密度比汽油密度大，所以前者會沉積在油箱底部，可由油箱底部的泄油閥抽取少量燃油，做抽樣檢查，如果燃油受到污染則地勤人員必須立即更換。在做油箱燃油抽樣檢查前，必須注意飛機有無接搭地線，並於油箱底部放置裝載燃油的桶子，在抽取過程中，應該小心注意燃油外洩情況，如有此情況，應立即關閉週遭電源，而且馬上將外洩燃油擦拭乾淨，避免揮發的燃油因為觸電而造成油氣爆炸的意外發生。

3. 飛行前檢查：飛機在起飛前，除了必須做燃油污染檢查外，還要做燃油其他有關檢查，例如：油箱有無損壞、油箱中的油量是否合適等。在檢查油量時，除了查看油量表外，還必須打開油箱蓋做目視檢查，並在做完目視檢查後，確實將油箱蓋再次栓緊。

第三篇

空氣螺旋槳理論

◎ 螺旋槳的基礎理論與制動原理
◎ 螺旋槳的優化設計、效率與故
障排除

螺旋槳的基礎理論與制動原理

　　就如同第五章所說明的一樣，活塞式航空發動機本身不能產生推進力，只能藉由傳動軸輸出功率來帶動螺旋槳，由螺旋槳產生拉力。所以，作為活塞式飛機的動力裝置時，發動機與螺旋槳是不能分割的。也就是說活塞式發動機（熱機）必須與螺旋槳（推進器）結合，才能成為活塞式飛機的動力裝置。我們在第五章已經說明活塞式發動機的工作原理，在本章將說明螺旋槳產生拉力的制動原理。

一、螺旋槳在航空器上的應用

　　從美國萊特兄弟發明活塞式飛機後，空氣螺旋槳的技術就一直和飛機的發展緊密相聯，直到燃氣渦輪發動機的出現，才逐漸地取代了活塞式螺旋槳發動機，但是因為螺旋槳在低空低速飛行時的效率高、經濟效益好、造價低廉以及易於維修等優點，目前仍用於私人飛機、初級教練機以及小型運輸機的使用上，如圖三十七所示。而且隨著目前二岸的交流頻繁以及觀光旅遊業的盛行，更為螺旋槳飛機帶來無限的商機。

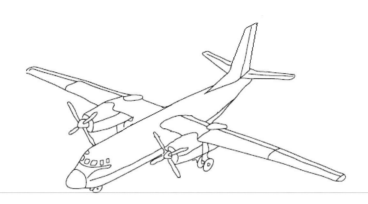

圖三十七　螺旋槳飛機

如圖三十八所示，目前的螺旋槳技術應用在航空類飛行器上，不僅只是使用在螺旋槳飛機上，還廣泛的使用在飛艇與直升機上，前者（飛艇）如同螺旋槳飛機一樣是使其產生向前的拉力，後者（直升機）則是藉由螺旋槳的轉動產生向上的升力。

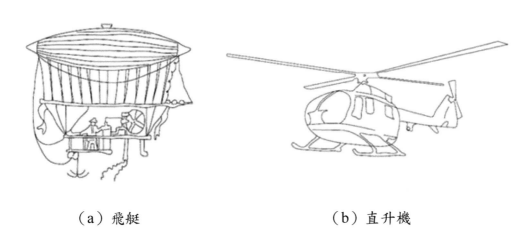

（ａ）飛艇　　　　　　　　　　（ｂ）直升機

圖三十八　螺旋槳技術在航空類飛行器上的其他應用

　　在工業上的其他領域，例如遊艇的驅動；水平軸式風力發電機以及家用電風扇也是根據螺旋槳的制動原理發展起來的。由此可知，螺旋槳的制動原理具有廣泛的應用領域與發展空間。

二、基本知識

（一）**螺旋槳的基本構造**：如圖三十九所示，螺旋槳主要由槳葉和槳轂所組成，槳葉是產生拉力的構件，槳轂用於安裝槳葉，並將螺旋槳固定在發動機軸上。槳葉包括葉根、葉尖、葉面、前緣和後緣等幾個部分。早期的螺旋槳多為兩個槳葉，隨著大功率發動機的發展，先後出現了三葉、四葉和五葉等多葉螺旋槳。

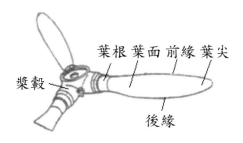

圖三十九　螺旋槳的基本構造示意圖

（二）**螺旋槳的葉剖面與拉力的產生**：如圖四十所示，槳葉型（槳葉剖
面）與翼型（機翼剖面）相似，螺旋槳產生拉力的原理與機翼產生
升力的原理相同。所不同的是前者與空氣的相對運動，是由其轉動
形成的，而後者則是向前運動所形成的。螺旋槳轉動時，槳葉便與
空氣產生了相對運動。流過槳葉前槳面的氣流就像流過機翼上表面
一樣，流速較快，所以壓力較低，氣流流過後槳面時，就像氣流流
過機翼表面一樣，流速較慢，所以壓力較高，由於槳葉前後形成的
壓力差就形成了螺旋槳的拉力。

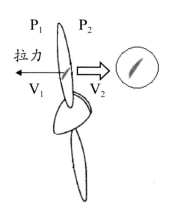

圖四十　螺旋槳葉剖面與拉力產生的示意圖

　　根據柏努利原理，流速增大，靜壓力減小，結果產生飛機向前
的拉力，空氣密度愈大，螺旋槳槳葉前的壓力梯差愈大，螺旋槳
產生的拉力也就愈大。反之，空氣密度愈小.螺旋槳產生的拉力愈
小。因此，在高空或高溫的大氣中飛行時，螺旋槳產生的拉力要比
在低空或低溫的大氣中飛行時的小。

（三）**螺旋槳的旋轉阻力與阻力矩**：如圖四十一所示，螺旋槳轉動時，也和機翼一樣，會產生摩擦和壓力差等阻力，阻礙螺旋槳轉動的作用，我們稱之為旋轉阻力，拉力P與旋轉阻力Q的合力就是螺旋槳的空氣動力R。因為槳葉旋轉阻力之合力（Q）的作用點離槳軸有一段距離，所以會形成阻礙螺旋槳轉動的力矩，我們稱之為旋轉阻力矩。旋轉阻力矩由發動機曲軸的轉動力矩來平衡。如果前者大於後者，螺旋槳轉速將下降。若前者小於後者，螺旋槳轉速將增大。只有兩者相等時，螺旋槳轉速才保持不變。

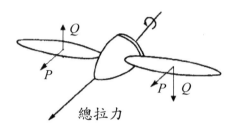

圖四十一　螺旋槳旋轉阻力的示意圖

（四）重要名詞解釋：要瞭解螺旋槳的制動原理，首先必須熟悉其主要基本名詞，否則根本無法入門，本書列舉如下：

1.槳葉角與攻角的定義：如圖四十二所示，飛機飛行時，螺旋槳葉除旋轉速度外，同時還具有前進速度，所以旋轉速度和前進速度會構成一個合成速度，合成速度和氣流的相對速度（相對風的速度）的大小相等方向相反。根據圖四十二，我們定義如後。

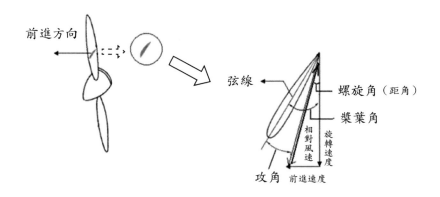

圖四十二　槳葉角與攻角定義的示意圖

（1）弦線：從葉前緣到後緣所連成的直線，我們稱為弦線。

（2）槳葉角：弦線與旋轉速度（平面）之間的夾角，我們稱為槳葉角。

（3）攻角：弦線與相對風之間的夾角，我們稱為攻角。

（4）螺旋角（距角）：相對風與旋轉速度（平面）之間的夾角，我們稱為螺旋角（距角）。

　　從定義中，我們可以發現：槳葉角等於攻角和螺旋角（距角）的總和，也就是槳葉角＝攻角＋距角。為保證槳葉有較高的工作效率，由槳根至槳葉的攻角都必須是最佳攻角（α_{opp}），才能使螺旋槳的推進效率最高。但是從圖四十二可以得知：攻角會受到旋轉速度和飛機前進速度的影響，如何保持槳根至槳葉的攻角都是最佳攻角（α_{opp}），我們將於後說明。

2. **螺距與滑移的定義**：如果能像螺絲鑽木一樣，螺旋槳能在一定螺旋角（等於槳葉角）的條件下，每旋轉一周前進一個螺距的距離，稱之為螺旋槳的幾何螺距，按幾何螺距前進時的攻角應當為零。但是在空氣中旋轉的螺旋槳，每旋轉一周的前進距離小於幾何螺距，我們稱其為有效螺距，由此看出，和飛機機翼類似，螺旋槳槳葉是在正攻角下運行的。幾何槳距和有效槳距之差稱為滑移或滑退。據此，我們定義如後，其示意圖如圖四十三所示。

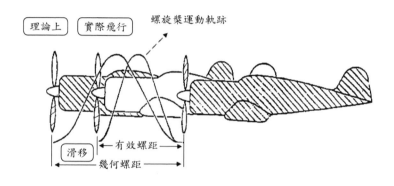

圖四十三　螺旋槳滑移現象的示意圖

根據圖四十三我們定義：

（1）幾何螺距：螺旋槳旋轉一周，在理論上應前進之直線，我們稱為幾何螺距。

（2）有效螺距：於實際飛行中，螺旋槳轉一周，實際前進之距離，我們稱為有效螺距。

（3）滑移（退）：幾何螺距與有效螺距之間的差距，我們稱為滑移或滑退，滑移（退）現象所代表的是功率的損失，該現象將決定螺旋槳效率的大小，我們將在後說明。

（五）旋轉速度：螺旋槳在各個葉剖面的旋轉速度取決於葉剖面的旋轉半徑和螺旋槳轉速。所謂螺旋槳的旋轉速度就是螺旋槳的的切線速度，我們可以用公式 $V_t = r\omega$ 表示，在此，V_t 為葉剖面的旋轉速度，r 為葉剖面的旋轉半徑，ω 為螺旋槳的轉速。如圖四十四所示，在螺旋槳的轉速一定時，螺旋槳的旋轉半徑愈大，則螺旋槳的旋轉速度就愈越大。因為 $V_{t1} = r_1\omega$ 以及 $V_{t2} = r_2\omega$，且 $r_2 > r_1$，所以 $V_{t2} > V_{t1}$。

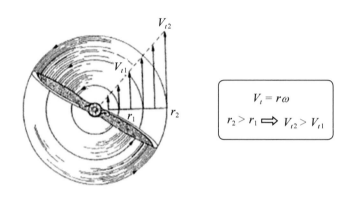

圖四十四　螺旋槳的旋轉速度與旋轉半徑的關係圖

　　從圖四十四，我們可以看出：在螺旋槳的轉速一定時，螺旋槳的旋轉半徑愈大，則螺旋槳的旋轉速度就愈越大。所以由葉根到葉尖，葉剖面的旋轉速度由最小到最大。

（六）有效槳葉剖面：對於一個槳葉來說，葉根和葉尖的氣動損失都很大，這是因為葉根要承受整個槳葉的旋轉離心力以及彎矩等負荷，必須具有足夠的強度，因而要做得很厚，所以氣動性能差；而葉尖處的渦流會使誘導阻力增加，拉力損失嚴重，而且如果轉速過大，在葉尖處容易發生震波，造成巨大的能量損失。

　　如圖四十五所示，因為槳葉根部和槳葉尖處的氣動性能惡劣，使兩處產生的拉力很小，槳葉的拉力主要產生在60％-90％半徑間的槳葉部位上，最大拉力發生在旋轉半徑約為75%的葉剖面處，我們習慣稱該葉剖面的槳葉角為「螺旋槳槳葉角」，並以此處的參數作為螺旋槳的特徵參數。

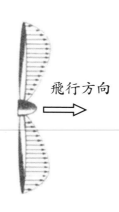

飛行方向

圖四十五　槳葉拉力分佈情形

（七）**槳葉扭轉：**因為旋轉速度會隨葉剖面的旋轉半徑的增大而增加，如果所有葉剖面的槳葉角都相同，如圖四十六所示，則葉剖面的攻角必隨旋轉半徑的增大而變大，也就是葉尖的攻角最大，而葉根的攻角最小，螺旋槳所產生的拉力也是由內到外增加，各個葉剖面的拉力不會相同。

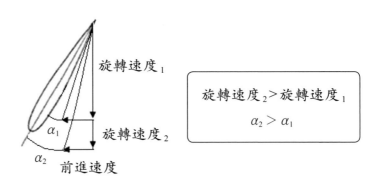

圖四十六　旋轉速度與攻角的關係圖

　　這樣就不可能使所有葉剖面處於最佳氣動狀態，而且葉根或葉尖可能會產生失速。理論上，這種槳葉只可能有一個葉剖面會處於最佳攻角狀態。如果要使所有或多數葉剖面均處於最佳攻角狀態，必須要使槳葉角由葉根至葉尖逐漸變小，如圖四十七所示，因此整個槳葉呈現扭轉的現象，我們稱之為槳葉扭轉。

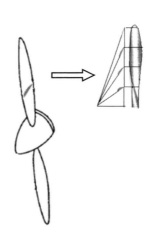

圖四十七　槳葉扭轉的示意圖

（八）攻角和飛行速度的變化：如前所述，由於葉剖面的合成速度取決於螺旋槳的旋轉速度和前進速度，所以，葉剖面的攻角亦取決於旋轉速度和前進速度。圖四十八所示，在旋轉速度一定的條件下，由於飛機的飛行速度不同所引起的攻角變化情形。從圖四十八中，我們可以看出：在同一個葉剖面的情況下，隨著飛行速度的增大，攻角會隨著飛行速度的增加而變小，因此在旋轉速度一定的條件下，高速時螺旋槳的攻角會變小，低速時螺旋槳的攻角會變大。但是攻角過大或過小都會使得螺旋槳的的氣動性能變差，所以如果活塞式飛機要高速飛行的話，必須選用或調整成大槳距（大槳葉角）的螺旋槳，因為可使螺旋槳的攻角較大。如果是低速飛行的情況下，則必須選用或調整成小槳距（大槳葉角）的螺旋槳，因為可使螺旋槳的攻角較小。

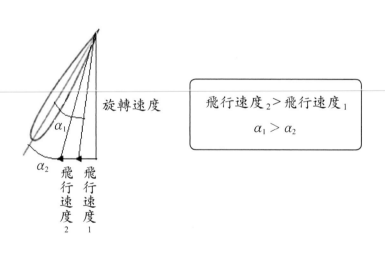

圖四十八　攻角和飛行速度的變化情形

三、螺旋槳種類

常見的螺旋槳有下列定距螺旋槳、變距（恆速）螺旋槳、順槳螺旋槳以及反距螺旋槳等四種，說明如後：

（一）**定距螺旋槳**：從字面意義來看，定距螺旋槳的槳葉角及槳轂連成一體，在發動機運轉時，螺距無法自行調整。如前所述，在旋轉速度一定的條件下，由於飛機的飛行速度不同會引起的攻角變化因此，如果活塞式飛機以在同一前進速度下，只有一個最有利攻角，使螺旋槳的效率最高，此攻角稱之為最有利攻角。所以定距螺旋槳是根據飛機飛行任務的要求而選用的地面調節螺旋槳。設計者根據飛機的主要用途選用最有利攻角。例如農業使用的噴藥飛機，為了能夠在很低的速度下飛行，應當選用小槳距（小槳葉角）的螺旋槳，對於高空速、長距離巡航的公務飛機，應當選用大槳距（大槳葉角）的螺旋槳。

（二）**變距（恆速）螺旋槳**：飛機在飛行中的飛行狀態是多變的，槳葉相對氣流的方向經常改變，若要隨時獲得較高的螺旋槳效率，應當隨時調節槳葉角（即隨時變距），以使攻角儘量接近最有利攻角。能夠調節槳葉角，使螺旋槳在任何飛行條件下都能在接近最有利攻角下恆速運轉，此種螺旋槳稱為變距螺旋槳或恆速螺旋槳。使用變距螺旋槳，不單使螺旋槳在任何飛行條件下都能高效率運行，同時還能使發動機隨時在高效率下運轉。改變槳葉角（即變距）需要用專門的變距裝置，叫做變距系統或恆速系統（CSU）。該系統有氣動機械式、電動式和液壓式三種。輕型飛機多使用滑油驅動的液壓式恆速系統。在飛行中，駕駛員選定轉速後，隨飛行條件的變化，在很大前進速度範圍內，恆速系統隨時自動調節槳葉角，使螺旋槳能在最有利攻角下工作，並保持轉速不變。雖然變距螺旋槳可以在任何飛行條件下都能高效率運行，但是複雜的變距機構增加了飛機的重量、製作成本，以及伴隨帶來的維修費用，而且更為駕駛員帶來操作上的困難。

（三）順槳螺旋槳：在發動機發動機失效時，順槳裝置會使槳葉角增大，使得槳葉與相對氣流順，致使飛行阻力大大減小。

（四）反距螺旋槳：這種螺旋槳的螺距可反向，產生方向相反的推力，可使飛機倒車，一方面可剎車，一方面可減少飛機落地時之距離，一般大型飛機均有此裝備，尤其在冰天雪地下，跑道因結冰打滑而滾動或滑動磨擦幾為零之下常用。

第八章

螺旋槳的優化設計、效率與故障排除

一、螺旋槳的優化設計

　　螺旋槳設計的主要問題是必須在滿足螺旋槳吸收軸功率、拉力與轉速的條件下，讓螺旋槳的重量最小、噪音最小以及效率最高，並保證其具備一定的結構安全，避免飛行事故的發生。通常設計的步驟是：

（一）根據螺旋槳的功率和最大拉力要求，初步確定槳葉數目、螺旋槳的直徑以及槳葉的平均弦長。

（二）選定槳葉的平面形狀、厚度以及翼型。

（三）經由理論計算與分析確認此一優化設計概念是否可行或方向與概念是否正確。

（四）設計模型測試理論和實驗的差異。

（五）設法使產品標準化，達到量產的目的。

　　其優化設計流程如圖四十九所示：

確定優化設計概念 ⟹ 理論計算與分析 ⟹ 模型設計 ⟹ 原型實地測試 ⟹ 標準化及量產

圖四十九　優化設計流程示意圖

二、螺旋槳的效率

如圖五十所示，我們可從螺旋槳滑移現象得知：發動機輸送到螺旋槳的功率不可能會完全轉變為螺旋槳拉著飛機向前飛行的有用功率。滑移（退）現象所代表的是發動機輸送到螺旋槳功率的損失，因此我們必須對螺旋槳的效率做一探討，說明如後。

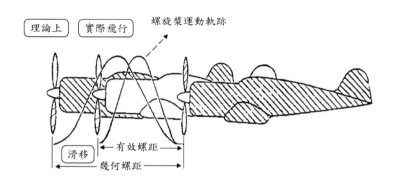

圖五十　螺旋槳滑移現象的示意圖

（一）定義：螺旋槳的效率為螺旋槳的有用功率與發動機輸出的實際功率之比值，也就是：螺旋槳效率 $= \dfrac{螺旋槳的有用功率}{發動機的實際輸出功率}$，因為螺旋槳的有用功率又稱為拉力功率，而發動機的實際輸出功率即是有效功率，所以螺旋槳的效率又可表示為：螺旋槳效率 $= \dfrac{螺旋槳的拉力功率}{發動機的有效功率}$，一般螺旋槳的效率為50%～85%。

（二）**增進螺旋槳效率的方法**：影響螺旋槳效率的因素很多，例如螺旋槳的幾何條件、大氣的狀態以及空氣動力的性質等。所以改變螺旋槳效率之因素有：

1. **保持槳葉攻角在最佳攻角狀態**：螺旋槳的槳葉攻角應該在最大升阻力比之處取其值，也就是最佳攻角狀態時，螺旋槳的推進效率最高，一般約在$2°\sim4°$間，但是螺旋槳的攻角會隨著飛機的飛行速度而改變，設計者根據飛機的主要用途選用最有利攻角或是使用變距系統或恆速系統（CSU）隨時調節槳葉角，使螺旋槳能在最有利攻角下工作。

2. **避免葉尖速度過大**：在旋轉中之槳葉，以葉尖的旋轉速度最大，因為葉尖處的渦流會使誘導阻力增加，拉力損失嚴重，而且如果轉速過大，在葉尖處容易發生震波，造成巨大的能量損失。因此在設計上必須考慮以下措施：

（1）裝置螺旋槳減速器（減速齒輪）：近代大功率的活塞式航空發動機多具備高轉速的特性，但是限於螺旋槳之構造及材質不能承受過度的離心力，而且過高的轉速，可能會使螺旋槳葉尖附近的相對速度接近音速，造成槳葉嚴重的震動，因而降低螺旋槳效率。所以對於大功率的活塞式航空發動機，在曲軸和螺旋槳軸之間必須裝有減速齒輪組（減速器），使得螺旋槳軸的轉速低於曲軸的轉速。

（2）增加槳葉數目：槳葉數目愈多則吸收馬力愈大，故大馬力之螺旋槳發動機，其所用槳葉多達三至四葉，甚至有六葉之螺旋槳。但增加槳葉數目卻會造成氣流之干擾反而會降低其效率，所以作為一個設計工程師必須要在其間作個適當之取捨。

3. 在適當的高度飛行：活塞式飛機在低空飛行時，由於空氣的密度較大，滑移影響較小，螺旋槳的效率較高；在高空飛行時，空氣密度較小，滑移影響較大，螺旋槳效率較低。但是由於考慮活塞式航空發動機的高度特性，必須在適當的高度飛行。

4. 適度地增大槳葉直徑：槳徑愈大，轉速愈低，可使旋轉阻力所造成的損失減少，可以提高螺旋槳的效率。但是槳徑愈大，飛機飛行所受到的形狀阻力愈大，並會造成飛機的重量增加。所以設計工程師必須考量如何適度地增大槳葉直徑，才能提高螺旋槳的效率。

三、螺旋槳的故障與排除

螺旋槳在運行中可能發生超轉、振動和疲勞等故障，這些故障都會造成螺旋槳的損壞，而導致螺旋槳飛機的嚴重飛行事故，說明如後。

（一）螺旋槳超轉

1. 定義：螺旋槳的轉速超過最大轉速的限制時，我們稱之為螺旋槳超轉。在螺旋槳超轉時，槳葉葉尖的旋轉速度會接近或超過音速而產生震波，因而使得螺旋槳的效率急劇下降，除此之外，螺旋槳的超轉還會引起發動機軸超轉，導致使活塞、連杆、曲軸等構件受力急速增加，造成損壞。

2. 發生原因：螺旋槳超轉的原因可能是調速器沒有調整好或是調速器的控制活門失效。在嚴寒氣候下飛行時，如果螺旋槳沒有變距，變距滑油缸中的滑油凍結，亦有可能會引起螺旋槳超轉現象的發生。

3. 處置作為：在飛行中，如果發生螺旋槳的超轉現象，就必須立即減速。除此之外，駕駛員必須同時來回推拉幾次變距桿，促使調速器控制活門恢復正常工作，並使變距滑油缸中的滑油迴圈運行加溫。但是如果採取以上措施仍然不能緩解螺旋槳的超轉現象，則駕駛員必須讓飛機於最近機場著陸，避免飛行事故的發生。

（二）螺旋槳振動

1.定義：所謂螺旋槳的振動是指在螺旋槳運轉中，由於受力不平衡所引起的螺旋槳振動現象。當螺旋槳振動時，駕駛員如果用手觸摸油門桿或變距桿，會有發麻感覺產生，嚴重時，會使駕駛員面部肌肉抖動以及駕駛桿與儀表指針劇烈晃動的現象發生。

2.螺旋槳的受力不平衡狀態：螺旋槳受力不平衡狀態可以分成靜不平衡、動不平衡和空氣動力不平衡等三種情況。分別說明如後。

（1）螺旋槳的靜不平衡狀態：螺旋槳的靜不平衡狀態是指螺旋槳各部分的重量不平衡引起螺旋槳重心不在槳軸的現象，因此，當螺旋槳轉動時，螺旋槳產生的離心力方向發生週期性變化，因而引起螺旋槳的振動。

（2）螺旋槳的動不平衡狀態：螺旋槳的動不平衡狀態是指雖然螺旋槳的重心在槳軸上，但是各槳葉的重心不在同一平面上，則當螺旋槳旋轉時亦會產生不平衡的週期性變化的離心力，這也會造成螺旋槳振動現象的發生。

（3）螺旋槳的空氣動力不平衡狀態：螺旋槳的空氣動力不平衡狀態指的是螺旋槳的槳葉發生變形或安裝不當，所引起的空氣動力不平衡的現象，這同樣也會造成螺旋槳振動現象的發生。當螺旋槳超轉時，槳葉葉尖速槳葉葉尖的旋轉速度會接近或超過音速，此時的氣流也會造成螺旋槳強烈的振動。

3.處置作為：在飛行中，如果發生螺旋槳的振動現象，應調節發動機轉速，使振動減輕，並就近著陸。

（三）螺旋槳疲勞：螺旋槳長期運轉必然會引起損壞，引起疲勞的因素很多，過度疲勞會引起螺旋槳的損壞，所以必須定期檢驗與修補或更換。

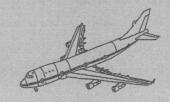

參考文獻

（1）John David Anderson，Introduction to Flight，McGraw-Hill Higher Education. 2005.

（2）薛天山，內燃機，全華出版社，1993。

（3）陳大達，航空工程概論與解析，秀威資訊科技出版社，2013。

（4）科技技術出版社中文編輯群，奧斯本圖解小百科──飛機的奧祕，1997。

（5）Yunus A,Cengel & Michael A.Boles THERDYNAMICS AN Engineering Approach，Fifth Edition,2006。

（6）Frank M. White（陳建宏譯著），流體力學，曉園出版社，1986。

（7）陳大達，空氣動力學概論與解析，秀威資訊科技出版社，2013。

（8）活塞式航空發動機──百度百科（http://baike.baidu.com/view/936117. htm）

（9）章健，航空概論，國防工業出版社，2012。

（10）劉沛清，空氣螺旋槳理論及其應用，北京航空航天大學出版社，2006。

秀威經典　　　　　　　　　　　　考試用書類　PB0032

活塞式飛機的動力裝置
——簡易活塞式發動機與航空螺旋槳技術入門

作　　者 / 陳大達
責任編輯 / 段松秀
圖文排版 / 賴英珍
封面設計 / 楊廣榕

出版策劃 / 秀威經典
發 行 人 / 宋政坤
法律顧問 / 毛國樑　律師
印製發行 / 秀威資訊科技股份有限公司
　　　　　114台北市內湖區瑞光路76巷65號1樓
　　　　　電話：+886-2-2796-3638　傳真：+886-2-2796-1377
　　　　　http://www.showwe.com.tw
劃撥帳號 / 19563868　戶名：秀威資訊科技股份有限公司
　　　　　讀者服務信箱：service@showwe.com.tw
展售門市 / 國家書店（松江門市）
　　　　　104台北市中山區松江路209號1樓
　　　　　電話：+886-2-2518-0207　傳真：+886-2-2518-0778
網路訂購 / 秀威網路書店：http://www.bodbooks.com.tw
　　　　　國家網路書店：http://www.govbooks.com.tw

2015年3月　BOD一版
定價：200元
版權所有　翻印必究
本書如有缺頁、破損或裝訂錯誤，請寄回更換

國家圖書館出版品預行編目

活塞式飛機的動力裝置：簡易活塞式發動機與航
空螺旋槳技術入門 / 陳大達著. -- 一版. -- 臺
北市：秀威資訊科技, 2015.03
　　面；　公分
BOD版
ISBN 978-986-326-319-7(平裝)

1. 航空工程　2. 飛機　3. 引擎

447.671　　　　　　　　　　　　　　104000785

讀者回函卡

感謝您購買本書，為提升服務品質，請填妥以下資料，將讀者回函卡直接寄回或傳真本公司，收到您的寶貴意見後，我們會收藏記錄及檢討，謝謝！如您需要了解本公司最新出版書目、購書優惠或企劃活動，歡迎您上網查詢或下載相關資料：http:// www.showwe.com.tw

您購買的書名：＿＿＿＿＿＿＿＿＿＿＿＿＿＿＿＿＿＿＿＿＿＿＿＿＿

出生日期：＿＿＿＿＿＿年＿＿＿＿＿＿月＿＿＿＿＿＿日

學歷：□高中 (含) 以下　　□大專　　□研究所 (含) 以上

職業：□製造業　□金融業　□資訊業　□軍警　□傳播業　□自由業
　　　□服務業　□公務員　□教職　　□學生　□家管　□其它＿＿＿＿

購書地點：□網路書店　□實體書店　□書展　□郵購　□贈閱　□其他

您從何得知本書的消息？

　　□網路書店　□實體書店　□網路搜尋　□電子報　□書訊　□雜誌
　　□傳播媒體　□親友推薦　□網站推薦　□部落格　□其他＿＿＿＿＿＿

您對本書的評價：(請填代號　1.非常滿意　2.滿意　3.尚可　4.再改進)

　　封面設計＿＿　版面編排＿＿　內容＿＿　文／譯筆＿＿　價格＿＿

讀完書後您覺得：

　　□很有收穫　□有收穫　□收穫不多　□沒收穫

對我們的建議：＿＿＿＿＿＿＿＿＿＿＿＿＿＿＿＿＿＿＿＿＿＿＿＿

＿＿＿＿＿＿＿＿＿＿＿＿＿＿＿＿＿＿＿＿＿＿＿＿＿＿＿＿＿＿＿＿

＿＿＿＿＿＿＿＿＿＿＿＿＿＿＿＿＿＿＿＿＿＿＿＿＿＿＿＿＿＿＿＿

＿＿＿＿＿＿＿＿＿＿＿＿＿＿＿＿＿＿＿＿＿＿＿＿＿＿＿＿＿＿＿＿

11466
台北市內湖區瑞光路 76 巷 65 號 1 樓
秀威資訊科技股份有限公司　　　收
BOD 數位出版事業部

....

（請沿線對折寄回，謝謝！）

姓　　名：＿＿＿＿＿＿＿＿＿　年齡：＿＿＿＿　性別：□女　□男

郵遞區號：□□□□□

地　　址：＿＿＿＿＿＿＿＿＿＿＿＿＿＿＿＿＿

聯絡電話：(日)＿＿＿＿＿＿＿＿＿　(夜)＿＿＿＿＿＿＿＿＿

E-mail：＿＿＿＿＿＿＿＿＿＿＿＿＿＿＿＿